素食是一种生活态度，健康、节约又减肥！

不用肉做出来的美味"肉"菜

日 / 大越乡子 著

中国旅游出版社

前 言

最近几年，食品安全问题一直备受大家的关注，特别是肉类食品，已然成为热门的话题之一。鉴于对于肉类大家有着如此之多的担心，我便一边实践一边探索从其他食材中摄取优质蛋白质的方法。

一直以来，豆渣、魔芋、天贝等大豆加工品和高粱、小米、玉米等杂粮类都很受大家欢迎，其在健康食品中的作用已人所共知。这些健康的食材，不仅仅受注重健康的人和素食主义者欢迎，同时也受到由于疾病、过敏、节食等缘故必须控制动物性食品摄入量的人们的欢迎。

此外，还有一些年轻的妈妈，很想让讨厌吃肉的小孩子也能摄取到足够的优质蛋白质，所以关注大豆加工品及杂粮类的妈妈们也日益增多。

大豆加工品和杂粮类谷物虽然都是植物性食材，但烹调后，无论外观还是口感上都具有像肉一样的感觉，进而让吃的人能够获得如同吃肉一般的心理满足感，同时提供丰富的低热量膳食纤维。此类菜肴，烹饪方法也很简单，并且重要的是，比肉低廉的价格也是它的魅力所在。

本书介绍的是完全不使用肉类制作的中式、西式、日式等各具民族特色的"肉菜"。所有菜谱尽是简便的制作方法，希望能让您每日的餐桌更丰富多彩。

大越乡子

CONTENTS
目录

前言	02
使用的材料	06

Part 1
用杂粮做出来的美味"肉"菜

杂粮的特点与烹饪窍门	10	烤肉串	19
日式汉堡	11	奶油狮子头	20
炸肉饼	12	炖根菜	21
烧卖	13	意大利面条	23
菜包肉	15	中式糯米小豆饭	24
青椒包肉	16	韩式寿司	25
炸藕盒	17	馄饨汤	27
小米萝卜	18	蔬菜饺子	28

Part 2
用天贝做出来的美味"肉"菜

天贝的特点与烹饪窍门	30	天贝泡菜饼	37
八宝菜	31	炸包子	39
酱炒葱	32	大汉堡	41
炒辣白菜	33	浇汁炒面	43
苦瓜炒天贝	34	炒饭	44
比萨式烤奶酪	35	大酱汤	45
炸紫菜卷	36		

用大豆或杂粮制作 不用肉做出来的美味"肉"菜

Part 3
用大豆蛋白做出来的美味"肉"菜

大豆蛋白的特点和烹饪技巧	48
糖醋辣馅肉丸	49
碎肉煎蛋	50
挂卤豆腐	51
生菜裹碎豆酱	53
豆腐炖肉	54
红炖大豆蛋白	55
香芹嫩煎小牛肉片	56
什锦炸串	57
柠檬味炸丸子	59

西式牛肉	61
炖西红柿	62
芋头炖肉丸	63
蒸蛋	64
豆角炒碎肉	65
乱炖	66
五目饭	67
大豆蛋白咖喱饭	68
三色碎肉盖饭	69
肉丸根菜汤	70

Part 4
用豆渣魔芋做出来的美味"肉"菜

豆渣魔芋的特点和烹饪技巧	72
回锅肉	73
微波炉糖醋肉	74
京酱肉丝	75
干炸豆渣魔芋	76
干炸春卷	77
蔬菜肉卷	79
酱烤豆渣魔芋	81
豆渣魔芋肉土豆	82
炸猪排	83

麻婆豆腐	84
棒棒鸡	85
猪肉炖豆	86
油炸杏仁豆渣魔芋	87
肉鸡蛋盖饭	88
杂样煎菜饼	89
咖喱饭	91
奶油菜汤	92
蔬菜牛肉浓汤	93
意式蔬菜汤	94

column ① 面筋肉饼	46
column ② 姜炒面筋	95

〈本书计量方法〉
● 1大汤匙是 15ml，1小汤匙是 5ml。
● 微波炉加热时间以 600W 的微波炉为标准。请依机型不同酌量加减。

不用肉做出来的美味"肉"菜使用的食材

黄米

小米

高粱米

杂 粮

黄米有黏黏的口感并且稍微有点甜，比小米香甜。它所含的热量是谷物中最低的，膳食纤维和含铁量约是大米的3倍。

小米具有独特的柔软口感，没有太过个性的特点反而是它的特长。膳食纤维约是大米的7倍，铁含量约为大米的6倍。膳食纤维丰富且碳水化合物少，可以减肥。

高粱米煮后散发浓香，口感筋道，像肉一样，所以有"肉米"的爱称。膳食纤维约是大米的20倍，铁含量约为大米的4倍。与其他杂粮比，高粱米稍大且硬，需要用压力锅煮，或充分用水浸泡后再煮。

天 贝

天贝是用焯过的大豆经过天贝菌（酶菌的一种）发酵而成的印度尼西亚的传统食品，近年来开始在国内流行。

天贝的营养价值极高，富含丰富的大豆异黄酮、膳食纤维及必需的氨基酸等营养素。此外，经过发酵后的天贝比大豆更易于吸收。天贝具有较高的抑菌、治理肠胃的作用，还能促进血液循环，是更年期综合征、便秘、高血压、高胆固醇及肥胖人群的首选佳品。

天贝有固体的和粉末状的，本书中使用的是固体的。固体的有加热的和未加热的生天贝之分，容易做成各种各样的料理，用途无限。请你试着用天贝来替代常用的肉吧。

天贝可以在淘宝网上，或者一些素菜馆里买到。

本书中介绍的食材都是肉类的代替品，这些食材非常美味健康，并且可以自由搭配成为上等佳品，一起让我们每日的餐桌变得越来越丰富吧！

大豆蛋白

大豆蛋白被称作"植物肉"，是含有100%大豆成分的无添加食品，因含脂量很低被视为非常健康的食品。大豆蛋白质含丰富的大豆异黄酮、卵磷脂、肥素、蛋白质，属于低热高蛋白，又属于容易消化零胆固醇的健康食材，同时更不必担心肉及鱼的病原菌感染等情况。

大豆蛋白的形状有碎末、薄片、小块、细粒、厚粒等各种类型，口感最接近鸡肉，在任何烹饪中都可以使用，而烹饪方法非常简单，只需用热水焯一下再将水沥干即可。用热水泡时体积可以膨胀2~3倍，真是对身体好又省家用的食品。

国内的仿荤素菜多使用大豆蛋白，可以在网上买到。

豆渣魔芋

用传统食品豆渣和魔芋制作的豆渣魔芋，以富含膳食纤维为人们所熟知。豆渣中的膳食纤维不溶于水，不溶性膳食纤维能促进大肠蠕动；魔芋中的膳食纤维能溶于水，水溶性膳食纤维可以抑制饭后的血糖值急剧上升和胆固醇的吸收。

这种食材像肉一样有嚼头，能让人获得吃肉一样的满足感，而热量只有鸡肉的1/10~1/7，是不必担心热量的美味食品，不仅适合正在减肥的人、注重健康的人及素食主义者，也是可以推荐给讨厌吃肉、缺乏蔬菜营养的孩子的美味食品。

**不用肉做出来的美味"肉"菜
使用的食材**

其他

油面筋

　　油面筋在超市里就能买到，是用面粉制作的。用小麦面粉加入适量水、少许食盐，搅匀上劲，形成面团，稍后用清水反复搓洗，把面团中的活粉和其他杂质全部洗掉，剩下的即是面筋。
　　它不仅可作为肉的代用品，也可用于炒菜、汤、面条儿等。

"姜炒面筋"在第95页

水面筋肉

　　以面筋（小麦蛋白质）为主原料，是100%的植物加工食品。零胆醇的水面筋肉成为替代肉的健康食材，是素食主义者及担心畜肉污染的人，以及注重健康和美容人士的上等佳品。

"面筋肉饼"在第46页

\part 1/
用杂粮做出来的美味"肉"菜

杂粮

黄米有黏黏的口感并且稍微有点甜。

小米具有独特的柔软口感,

没有特殊味道的甜味是它的特点。

高粱米煮后散发浓香,

外观和筋道的口感都像肉一样。

这些杂粮经常作为肉的代替品用来养生,

请你也一定感受下这脆脆的、美味的、不可思议的口感吧。

杂粮的特点与烹饪窍门

煮好或焯烫过的杂粮可以作为肉馅的代替品使用。
高粱米用水浸泡一晚后放入电饭锅中,用平常煮饭的方法煮熟即可。
黄米和小米可放少量在锅中焯一下。可以在冰箱中冷冻保存。
这些食材可以一次多做一些保存起来,想用的时候用微波炉解冻即可立即使用,非常方便。

预先准备

焯好的 黄米

1 简单清洗

洗米的要诀是迅速冲洗。

2 下锅焯

热水充分沸腾之后将黄米倒入锅中,焯5分钟左右。

焯好的 小米

1 简单清洗

洗米的要诀也是迅速冲洗。

2 下锅焯

热水充分沸腾之后将黄米倒入锅中,焯5分钟左右。

煮过的 高粱米

1 用水浸泡一晚

洗米的要诀是迅速冲洗,然后用足量的水浸泡一晚。

2 下锅煮

沥去之前的水分,将高粱米与大约为高粱米1.2倍的水一同放入锅中。盖上锅盖点火,沸腾之后转为小火,煮15分钟。之后熄火,焖20分钟左右。

保存方法

可以在冰箱中冷冻保存,这些食材可以多做一些保存起来。想用的时候用微波炉解冻即可立即使用,非常方便。

健康有味道
日式汉堡

1人份 324 kcal

材料（2人份）

大葱	½根
鲜香菇	2个
高粱米（煮好的）	150g
A	
┌ 鸡蛋	1个
├ 面粉	30g
└ 盐、胡椒	各少许
色拉油	1大匙
B	
┌ 水	100cm
└ 酒	1大匙
萝卜苗	20g
萝卜泥	200g
水萝卜	2个
橙汁酱油	2大匙

（A、B表示调制的两种不同配料）

制作方法

1. 大葱切碎，鲜香菇去茎切成碎块。
2. 将高粱米、1、A放入钵中充分混合后分成2等份。做成可以让空气流通的中间部分凹下的形状。
3. 煎锅内倒入色拉油加热，将2摆放在上面，烧制变色后翻面，使两面都充分着色。
4. 将B转动着倒入，盖上盖子用中火煮5~6分钟后打开盖子，煮到水分完全蒸发为止。
5. 切掉白色萝卜苗的根部，水萝卜切成薄片，与萝卜泥混合。
6. 将4和5装盘，浇上橙汁酱油即可。

弹性口感非常新鲜！

炸肉饼

1人份 498 kcal

材料（2人份）

土豆	2个
洋葱	½个
色拉油	2小匙
面粉	1大匙
盐、胡椒、肉豆蔻	各少许
黄米（煮好的）	150g
油	适量
油麦菜	2片
荷兰芹	少许
圣女果	4个

制作方法

1. 土豆去皮分成4等份，用水焯熟，趁热捣碎。
2. 洋葱切成小碎块。
3. 煎锅内倒入色拉油加热，将2放入翻炒。将面粉抖入，撒入盐、胡椒、肉豆蔻。
4. 将3和黄米加入1中混合后分成6等份，做成扁平的圆饼状。撒上面粉，浸泡打散鸡蛋，撒上面包粉。
5. 放入180℃热油中炸至黄褐色。
6. 油麦菜、荷兰芹切成适当大小，圣女果去蒂后切成两半。
7. 将5和6一起盛放在盘中即可。

不输给肉的美味
烧卖

1人份 286 kcal

材料（2人份）

洋葱	¼个
鲜香菇	2个
生姜	10g
白菜	100g
高粱米（煮好的）	120g
A	
┌ 酒	2小匙
│ 淀粉	1大匙
│ 面粉	2大匙
│ 酱油	1大匙
└ 芝麻油	2小匙
烧卖皮	14张
生菜	2片
芥末	少许

制作方法

1. 洋葱切碎，鲜香菇去掉茎部后切碎，生姜切碎。
2. 白菜切碎后加少许盐（材料分量外的），加盐揉搓，充分将水分挤出。
3. 将1、2、A放入钵中，充分搅拌混合。
4. 将3分为14等份，用烧卖皮包好。
5. 将生菜铺在蒸锅中。4放在生菜上蒸5~6分钟。盛出装盘后在旁边添加上芥末即可。

菜包肉

寒冷季节里令人快乐的西红柿味炖菜

1人份 287 kcal

材料（2人份）

卷心菜（大叶）	4张
西红柿	2个
洋葱	¼个
高粱米（煮好的）	150g

A
- 鸡蛋 ………………… 1个
- 面包粉 ……………… 2大匙
- 牛奶 ………………… 2大匙
- 盐、黑胡椒 ………… 各少许

B
- 水 …………………… 2大匙
- 味精 ………………… 1大匙
- 月桂叶 ……………… 1枚

盐、胡椒 ………………… 各少许
水淀粉 …………………… 1大匙

制作方法

1. 卷心菜一张张放入热水中焯一下。芯部分片薄后切碎。西红柿切成小碎块。
2. 洋葱切碎后放入微波炉中加热2分钟。
3. 将高粱米与芯部分、2、A放入钵中充分混合。
4. 卷心菜展开后用厨房用纸擦去水分，撒上薄薄一层面粉。将3分为4等份，放在中间稍靠近自己的一边（a图）。
5. 从自己这边卷过去，左、右分别折叠在上面（b图），然后将叶尖部分向内塞进去（c图）。
6. 将5不留缝隙紧紧地塞入锅中，放入西红柿与B后用大火煮。沸腾之后转成中火，不再沸腾后盖上盖子煮5~10分钟。
7. 放入盐、黑胡椒调味后盛出。将余下的调味汁加热，加入水淀粉，汤黏稠后倒在卷心菜上。

也可用鲜香菇代替青椒

青椒包肉

1人份 254 kcal

材料（2人份）

青椒	4个
洋葱	¼个
高粱米（煮好的）	120g
A	
面粉	1大匙
鸡蛋	½个
奶油玉米罐头	2大匙
面包粉	2大匙
味精	½小匙
盐、黑胡椒	各少许
面粉	少许
色拉油	1大匙
B	
水	2大匙
番茄酱	1大匙

制作方法

1. 青椒竖着切成两半，去籽。
2. 洋葱去皮后切碎，放入耐热器皿中在微波炉里加热1分钟。
3. 将2、A放入钵中，并加入味精、盐、黑胡椒搅拌均匀。
4. 在青椒内侧撒上薄薄一层面粉，将3分成8等份塞入青椒中。
5. 煎锅内倒入色拉油加热，将4塞入馅料的一面朝下放置，煎至金黄色后翻面。
6. 加入B，盖上盖儿蒸。蒸干水分后再进行翻炒。

用色彩鲜艳的黄米代替肉
炸藕盒

1人份
323 kcal

材料（2人份）

生姜	10g
小葱	4根
胡萝卜	40g
黄米（焯好的）	100g
A	
┌ 酒	1大匙
│ 淀粉	2大匙
│ 口味清淡的酱油	2小匙
└ 盐	少许
藕	200g
面粉	少许
油	适量
水芹	少许
西红柿（切片）	½个
花椒	少许

制作方法

1. 生姜切碎，小葱横切，胡萝卜切碎。
2. 将黄米、A、1放入钵中充分混合。
3. 藕切成片之后在中间切一刀，用水冲洗。
4. 擦去藕上面的水分，单面涂上薄薄一层面粉，然后两片中间夹上馅，再在外表面撒上面粉。
5. 油加热到170℃，将4炸至金黄色。控干油后与水芹、西红柿一起盛盘。最后撒上花椒即可。

代替鸡肉松的小米

小米萝卜

1人份
210 kcal

材料（2人份）

萝卜	500g
海带	10cm
小米（焯好的）	100g
蒜苗	50g
小葱	¼ 根
芝麻油	2 小匙
A	
┌ 用海带等做的老汤汁	100ml
│ 酒	1 大匙
└ 橙汁酱油	2 大匙
生姜泥	1 大匙

制作方法

1. 萝卜去皮切片焯一下。
2. 焯过的萝卜用水冲洗后与海带一起下锅，添水到刚没过的程度后开始炖煮。沸腾之后转为小火，盖上盖子炖30分钟左右。
3. 蒜苗切碎，葱切碎。
4. 锅内倒入芝麻油加热，之后加入蒜苗与葱翻炒，加入A与小米，边搅拌边煮，5分钟之后将事先准备好的生姜泥倒入混合。
5. 将2盛入器皿之后再将4浇在上面即可。

外侧烤得恰到好处，里面更是美味无比
烤肉串

1人份 231 kcal

材料（2人份）
大葱	1/4 根
生姜	10g
韭菜	50g
鲜香菇	2 个
高粱米（煮好的）	180g
A	
┌ 面粉	1 大匙
│ 蛋清	1 个
│ 酒	1 大匙
└ 酱油	1 大匙
色拉油	1 大匙
紫苏、萝卜泥、辣椒末	各少许

制作方法

1. 葱、生姜、韭菜都切碎。鲜香菇去茎切碎。
2. 将1、A放入钵中充分混合之后做成扁平的椭圆形。
3. 煎锅内加入色拉油烧热，将2的两面迅速煎一下（材料烧熟且凝固成型）之后穿起来。
4. 继续将两面都煎至适中，取出盛盘后摆放上紫苏、萝卜泥、辣椒末。

只需用烹饪后的杂粮(商店出售)即可轻易做出！

奶油狮子头

1人份
424 kcal

材料(2人份)

高粱米(煮好的)	100g
盐、胡椒	各少许
土豆	1个
面粉	2大匙
A 面粉	30g
A 黄油	20g
洋葱	½个
胡萝卜	50g
口蘑	60g
小白菜	1棵
水	200ml
味精	1小匙
牛奶	200ml

制作方法

1. 高粱米放入微波炉中加热，稍微放一点盐和胡椒。
2. 土豆烫一下剥去皮，趁热捣碎。
3. 将1、2、面粉、盐、胡椒一起放入钵中充分搅拌混合。
4. A中的黄油融化之后与面粉充分混合。
5. 洋葱切碎，胡萝卜纵切成6等份，口蘑去茎后掰成小朵。小白菜切成一口的大小。
6. 锅内放油加热，放入洋葱、胡萝卜稍微炒一下后再加入口蘑翻炒。全部充分过油之后加入水和味精一起煮。沸腾之后撇去浮沫，将3团成一口大小的丸子放入。
7. 再次沸腾之后加入4，继续煮5~6分钟后放入小白菜和牛奶。烫熟后加入盐和胡椒调味，盛盘。

> part 1 用杂粮做出来的美味"肉"菜

黏黏的，一点一滴浸润着温暖的小米
炖根菜

1人份 275 kcal

材料（2人份）

大葱	¼ 根
生姜	10g
牛蒡	½ 根
藕	1 节
胡萝卜	½ 根
小米（焯好的）	100g

A
- 酒 .... 1 小匙
- 酱油 .... 2 小匙
- 淀粉 .... 1 大匙

芝麻油 .... 1 大匙

B
- 用海带等做的老汤汁 600ml
- 酒 .... 1 大匙
- 砂糖 .... 1 大匙
- 酱油 .... 2 大匙

葱叶部分 .... 少许

制作方法

1. 葱、生姜切碎。
2. 牛蒡去皮切成不规则形状，用水冲洗。藕切成不规则形状，用水冲洗。胡萝卜切成不规则形状。
3. 将小米、1、A 放入钵中搅拌。
4. 锅中放入芝麻油加热，倒入 2 翻炒一下，再加 B 一起煮。沸腾之后撇去浮沫，用中火煮 7~8 分钟。蔬菜变软之后加入 3。
5. 边倒边搅拌煮 2~3 分钟，变黏之后盛入器皿。葱叶斜切之后撒在上面即可。

意大利面条

绝妙的味道、肉馅般的筋道感

1人份 474 kcal

材料（2人份）

大蒜	½ 片
红辣椒	½ 根
洋葱	¼ 个
口蘑	2 个
橄榄油	1 大匙
高粱米（煮好的）	1 大匙
A	
┌ 水	80ml
│ 味精	1 小匙
│ 番茄罐头	100g
└ 红葡萄酒	1 大匙
盐、胡椒	各少许
意大利面	160g
荷兰芹（切成碎末）	少许

制作方法

1. 大蒜切碎，红辣椒去籽后切成小圈。
2. 洋葱切碎，口蘑切块。
3. 煎锅中倒入橄榄油和1，用小火烹出香味后转为中火。加入洋葱、口蘑、高粱米翻炒。
4. 将面粉均匀抖入，然后加入A，撇去浮渣后煮至7到8分熟，加入盐、胡椒调味。
5. 意大利面按照包装袋上的说明焯一下。
6. 将焯过的意大利面盛在容器中，将4浇在上面，然后撒上荷兰芹。

色泽鲜亮的高粱米有如叉烧肉一般引人食欲

中式糯米小豆饭

1人份
296
kcal

材料

大米	200 克
糯米	200 克
大葱	¼ 根
干香菇	4 个
胡萝卜	60g
生姜	20g
高粱米（煮好的）	120g
A	
┌ 酒	1 小匙
└ 酱油	2 小匙
芝麻油	2 小匙
B	
┌ 鸡精	1 小匙
│ 酒	1 大匙
└ 酱油	2 小匙

制作方法

1. 大米与糯米一起洗。
2. 将1倒入钵中，加足量的水浸泡30分钟。
3. 葱切丝，干香菇用200ml水浸泡，然后切碎，泡香菇的水留用。胡萝卜切成长宽1cm的块，生姜切丝。
4. 将高粱米、葱、A放入钵中，团成一口的大小。
5. 煎锅里倒入芝麻油加热，翻转4将两面煎至适中，取出备用。
6. 将水兑入泡干香菇的水中，总量到300ml后再放入B混合。
7. 将2与干香菇、胡萝卜、生姜放入电饭煲中后倒入6开始炊煮。煮熟后加入5搅拌一下盛入器皿中。

韩式寿司

香油的香气引出阵阵食欲

1人份 464 kcal

材料（2人分）

- 大蒜 ················· 1瓣
- 生姜 ················· 10g
- 菠菜 ················· 100g
- 胡萝卜 ··············· 30g
- 豆芽 ················· 60g
- A
  - ┌ 生姜泥 ··········· 2小匙
  - │ 芝麻油 ··········· 1小匙
  - │ 酒 ··············· 1小匙
  - │ 盐 ··············· 1/4小匙
  - └ 砂糖 ··············· 一撮
- 高粱米（煮好的） ····· 100g
- 面粉 ················· 1大匙
- 芝麻油 ··············· 2小匙
- 米饭 ················· 300g
- B
  - ┌ 白芝麻油 ········· 2小匙
  - │ 芝麻油 ··········· 1小匙
  - └ 盐 ··············· 少量
- 海苔 ················· 1张
- 生菜 ················· 2片
- 香油、白芝麻油 ······· 各少许

制作方法

1. 大蒜、生姜切成碎末。
2. 菠菜焯过后切掉根部，切成4cm长的段。胡萝卜切丝，豆芽切掉细根，下水迅速焯一下。
3. 将A放入钵中搅拌，控干2的水分后也加入搅拌。
4. 将高粱米、1、面粉放入另外的钵中搅拌，展平铺薄。
5. 向煎锅中倒入芝麻油加热，将4的两面煎至适中。
6. 将煮好的米饭与B搅拌在一起，稍作加热。
7. 将紫菜放在卷帘上，远离身体的那边留下2cm左右的距离。米饭铺平，分成均等的6份。放上生菜，中心放上3和5。从近身侧开始卷起后，从紫菜的接缝处撒下，让饭团保持卷起的状态。
8. 最上面涂上薄薄一层芝麻油，再撒上白芝麻。切成适当的大小，盛盘。

夜宵首选、柔和的味道
馄饨汤

 1人份 165 kcal

材料（2人分）

洋葱	¼ 个
鲜香菇	1 个
焯过的竹笋	100g
香菜	1 把
西红柿	1 个
小米（煮好的）	70g
A	
┌ 酒	1 大匙
│ 酱油	1 小匙
└ 黑胡椒	少量
馄饨皮	12 张
加水的面粉	少量
水	400ml
鸡精	1 小匙
盐、胡椒	各少许

制作方法

1. 将洋葱大致切碎，鲜香菇去茎切成碎末。
2. 焯过的竹笋切片，香菜去根，切成3～4cm长的段。西红柿切片。
3. 将小米、1、A 放入钵中充分搅拌。
4. 将3放入馄饨皮的中心处，边缘处涂上加水的面粉，包成馄饨状。
5. 锅中加入鸡精与焯过的竹笋，沸腾之后再加入4。
6. 煮至4漂浮到水面后加入西红柿与香菜、盐、胡椒调味，关火盛盘。

即使不放肉也美味无比,定会让您满意!

蔬菜饺子

1人份 241 kcal

材料(2人分)

卷心菜	1片
生姜	7g
大蒜	½瓣
藕	¼节
鲜香菇	1个
小米(煮好的)	50g
A	
┌ 鸡精	½小匙
│ 芝麻油	1小匙
│ 酱油	1小匙
│ 淀粉	2小匙
└ 盐、胡椒粉	各少许
饺子皮	12张
加水的面粉	3大匙
芝麻油	2小匙

制作方法

1. 卷心菜、生姜、大蒜都切成末。
2. 藕切成碎末,鲜香菇去茎后切末。
3. 将小米放入1、2、A中搅拌。
4. 将3放在饺子皮中,边缘处涂上加水的面粉,边掐褶边捏紧。
5. 平底锅中放少许油加热,用大火煎至底面呈金黄色,倒入加水的面粉后转中火,盖上盖子焖2~3分钟。
6. 收干水分,将芝麻油浇在做好的菜肴上,盛出装盘。

\ part 2 /

用天贝做出来的美味"肉"菜

天贝是大豆的发酵食品，
是含有丰富的优质蛋白质、
矿物质、食物纤维等的健康食品。
天贝可以运用于煎、炒、烹、炸各式料理。
本书主要将其作为肉的代替品来使用，
其实天贝的用途是相当广泛的。
让我们快些将由天贝做的美食呈现在每天的餐桌上吧！

天贝的特点与烹饪窍门

天贝的烹饪方法非常简单!
将冷冻保存的天贝放置在冷藏室里,自然解冻后切成或掰成适合料理的大小。
因天贝没有特殊的味道,所以可以使用在任何料理中,
特别是与油的相溶性特别好,稍微炸一下便可品尝到无比的香味。

预先准备

用刀切

将鲜天贝或冷藏的天贝切成适合料理的大小。将冷冻的天贝自然解冻,使其变软到菜刀可以轻易地将之切开。

掰

将天贝稍微掰一下就可以作为肉馅的代替品使用了。

撕成一口大小

天贝用手撕开比较容易入味,也会变得更加美味。

入味

为了使天贝更加香浓,加入合适的调味料或者用汤煮一下来入味。

保存方法

天贝为密封保存,需尽早食用。不能立即吃完的话建议冷冻保存。需要食用时取出自然解冻即可。

健康满满的天贝与蔬菜组合

八宝菜

1人份 207 kcal

材料（2人份）

天贝	100g
生姜	10g
胡萝卜	50g
白菜	2片
鲜香菇	2个
芝麻油	1大匙
酒	1大匙

A
- 热水 50ml
- 鸡精 1小匙
- 口味清淡的酱油 1大匙

淀粉 1大匙

制作方法

1. 天贝切成约3cm的正方形，别太厚。
2. 生姜切碎，胡萝卜切成薄的条状，白菜片薄，鲜香菇去茎后切片。淀粉加水做成水淀粉备用。
3. 煎锅内倒入芝麻油后点火，油煸出香味后放入1和胡萝卜，天贝炒至颜色稍稍变深就可以了。
4. 加入白菜、鲜香菇翻炒，倒入酒。
5. 等全部变软之后将混合好的A倒入。沸腾之后倒入水淀粉，待汤汁黏稠后翻炒1~2分钟。

想吃的时候，唰地一下就能做好，异常便捷

酱炒葱

1人份
229 kcal

材料（2人份）

天贝	100g
大蒜	1瓣
生姜	10g
红辣椒	1根
大葱	1根
青椒	2个
芝麻油	1大匙
A	
红味噌	1大匙
砂糖	1小匙
酒	1大匙
味淋	1大匙
酱油	2小匙

制作方法

1. 天贝切成7~8mm宽的块。
2. 大蒜切成薄片，生姜切碎，红辣椒去籽后切成小圈。
3. 大葱斜切成段，青椒切成不规则大小。
4. 煎锅内倒入芝麻油，倒入大蒜、生姜、红辣椒，用小火煸出香味后加入1，充分翻炒至天贝表面变焦。
5. 放入大葱、青椒翻炒，将A混合后也倒入锅中翻炒。

喜欢吃辣的人必尝
炒辣白菜

1人份 231 kcal

材料（2人份）

天贝	100g
大葱	½根
韭菜	½把
辣白菜	150g
芝麻油	2大匙
A	
┌ 酒	1大匙
└ 酱油	1大匙
黑芝麻	2小匙

制作方法

1. 天贝切成5mm宽的块。
2. 大葱切成4cm长的段，再纵向切十字分成4等份。韭菜切成4cm长的段，辣白菜切成一口的大小。
3. 煎锅内倒入芝麻油，放入天贝翻炒，待其稍微变色后加入大葱和辣白菜一同翻炒。
4. 放入韭菜翻炒，加入A调味。待菜品完成后撒上黑芝麻稍微搅拌一下，盛出装盘。

稍有苦味的苦瓜与天贝的绝妙组合！

苦瓜炒天贝

1人份
331 kcal

材料（2人份）

天贝	100g
洋葱	1/4个
苦瓜	1个
盐	少许
木棉豆腐	200g
芝麻油	1又1/2大匙
酒	1大匙
打散的鸡蛋	1个
A ┌ 用海带等做的老汤汁	1大匙
└ 酱油	1大匙

制作方法

1. 天贝撕成一口的大小。洋葱切成薄片。
2. 苦瓜纵向切为两半，去籽，再切成半月形，放入钵中，撒上盐后充分挤压，排干水分。
3. 将木棉豆腐用厨房用纸包裹起来放入微波炉内加热3分钟，蒸干水分。
4. 煎锅内倒入芝麻油（1大匙）加热，豆腐边切碎边放入锅中，变色后先取出备用。
5. 加热煎锅内剩余的芝麻油，将1、2放入翻炒，变软后加入酒和4一同翻炒。
6. 倒入A，水分收干后加入打散的鸡蛋，使其和锅内的菜混合在一起。盛出装盘。

浓香天贝做成的黏黏的奶酪
比萨式烤奶酪

1人份 273 kcal

材料（2人份）

天贝	100g
黑胡椒、面粉	各少许
洋葱	1/4个
西红柿	1/2个
青椒	1个
橄榄油	1大匙
番茄沙司	2大匙
化开的奶酪	40g
白葡萄酒	1大匙

制作方法

1 天贝切成薄片，撒上黑胡椒和一层薄薄的面粉。

2 洋葱切成薄片，西红柿切成薄片，青椒切圈。

3 煎锅内倒入橄榄油加热，将1摆好后两面煎熟。

4 将沙司涂在3上面。放上洋葱、西红柿，再撒上奶酪，最后放上青椒。

5 周围倒入白葡萄酒，盖上盖子焖2~3分钟。完成后撒上黑胡椒，盛出装盘。

令人情不自禁的美味
炸紫菜卷

1人份 235 kcal

材料(2人份)
天贝	100g
紫菜	1张

A
用海带等做的老汤汁	150ml
酒	1大匙
酱油	1大匙

B
面粉	2大匙
水	2大匙

紫苏、萝卜泥、橙汁、七味辣椒 ………… 各少许

制作方法

1. 将天贝分成6等份,紫菜也分成6等份。
2. 锅中放入A与天贝,中火煮10分钟左右。
3. 擦去水分,用紫菜卷起来。
4. 将B混合后涂在3上面。
5. 油加热到170℃以后,将4下锅油炸。
6. 控干油后盛入盘中。添加紫苏、萝卜泥、橙汁、七味辣椒。

加入土豆后非常柔软
天贝泡菜饼

1人份 401 kcal

材料(2人份)

天贝	100g
韭菜	½ 把
土豆	1 个
面粉	3 大匙
鸡蛋	2 个
A	
┌ 热水	30ml
│ 鸡精	1 小匙
│ 盐	少许
└ 淀粉	1 大匙
芝麻油	1 大匙
干辣椒丝	少许
甜面酱	2 小匙

制作方法

1. 将天贝撕成一口大小。韭菜切成3cm长的段，土豆煮熟后弄碎。
2. 将天贝与韭菜放入钵中，加入面粉混合。
3. 将鸡蛋打在其他的钵中与A混合，弄碎的土豆和2也倒入一起搅拌混合。
4. 煎锅内倒入芝麻油加热，将3均匀地平铺开，用中火煎。下一面煎得差不多的时候翻面。
5. 切成适当的大小盛出装盘，添加干辣椒丝和甜面酱。

有俄罗斯家庭的朴素风味
炸包子

1人份 212 kcal

材料（9个份）
〈面团〉
牛奶	80ml
黄油	20g
高筋面粉	300g
干酵母	1 小匙
砂糖	1 大匙
盐	3g
打散的鸡蛋	1 个

〈材料〉
天贝	100g
洋葱	¼ 个
煮熟的鸡蛋	2 个
色拉油	2 小匙
面粉	1 大匙
盐、胡椒、孜然	各少许

a

b

制作方法

1. 制作面团。牛奶加热到与体温大约相同的温度，黄油达到室温。

2. 将高筋面粉、干酵母、砂糖、盐、打散的鸡蛋放入钵中搅拌均匀。盐和酵母分开溶入牛奶，然后倒入钵中，用橡胶刮刀等搅拌。加入黄油，搅拌至用手触摸感觉光滑为止。

3. 团成圆形放入钵中盖上保鲜膜，放到温度高的地方搁置1小时让其发酵（a图）。

4. 制作配料。天贝撕成大块，洋葱切碎，煮熟的鸡蛋切成小碎块。

5. 煎锅内倒入色拉油加热，放入洋葱与天贝翻炒。将面粉抖入，然后加入盐、胡椒、孜然调味。

6. 将5稍微加热一下，与煮熟的鸡蛋混合后分成9等份。

7. 加工。将3的面团分成9等份，每份都团成圆形，为防止变干盖上保鲜膜。每份都用擀面杖擀成直径10cm左右的椭圆形，中间放上6，边缘紧紧捏牢（b图）。

8. 做好后摆在盆中，用干布巾盖上，放置10分钟。

9. 将油加热到150℃，入锅炸，不时翻面直至炸好。

一见可知的十足分量
大汉堡

1人份 533 kcal

材料（1个份）

- 天贝 ································ 150g
- 洋葱 ································ ¼ 个

A
- ┌ 面包粉 ························ 3 大匙
- │ 牛奶 ·························· 2 大匙
- │ 鸡蛋 ·························· 1 个
- └ 盐、胡椒、肉豆蔻 ············ 各少许
- 色拉油 ·························· 2 小匙
- 水 ································ 50ml

B
- ┌ 白葡萄酒 ···················· 1 大匙
- │ 用海带等做的老汤汁 ········ 1 大匙
- └ 番茄酱 ························ 1 大匙
- 生菜 ······························ 2 片
- 酸黄瓜 ···························· 1 个
- 面包 ······························ 2 个
- 黄油、芥末粉 ·················· 各 2 小匙
- 西红柿（薄片） ················ 2 片

制作方法

1. 天贝撕成大块。
2. 洋葱剥去皮后切碎，用微波炉加热 1 分钟。
3. 将 1、2、A 放入钵中充分混合后分成 2 等份。做成扁平的圆形。
4. 煎锅内倒入色拉油加热，将 3 摊在上面，两面都煎熟。不时翻面，两面都煎至变色后加水，盖上锅盖煮。加入 B 使其具有汉堡的味道。
5. 将生菜撕成汉堡坯的大小。酸黄瓜切成薄片。
6. 面包稍微烤一下，将黄油和芥末粉涂在上面。按生菜、4、西红柿、酸黄瓜的顺序摆成汉堡的形状。

蔬菜与天贝黏糊糊的，看着很有食欲

浇汁炒面

1人份
505 kcal

材料（2人份）

卷卷的拉面面条*	2份
豆芽	200g
天贝	100g
生姜	10g
白菜	2片
青椒	1个
红椒	1/4个
杏鲍菇	1个
芝麻油	1又1/2大匙
盐、胡椒	各少许
A	
┌ 热水	150ml
│ 鸡精	1/2小匙
│ 酒	1大匙
│ 酱油	1大匙
└ 味淋	1小匙
醋	2大匙
水淀粉	1大匙

制作方法

1. 卷卷的拉面面条放入热汤中打散，豆芽去掉细根。天贝撕成一口大小。生姜切碎，白菜切成块。

2. 青椒、红椒切成两半后横切成丝。杏鲍菇切成5mm的片儿。

3. 将面条与豆芽充分混合，加入芝麻油（1大匙）后充分搅拌调和。

4. 将3做成扁平的圆形放入煎锅内。两面都炒好后放入器皿中备用。

5. 4的煎锅中倒入芝麻油（1/2大匙）加热，放入生姜与天贝翻炒。天贝炒到变色后放入蔬菜和杏鲍菇同炒，加入盐、胡椒调味。

6. 全都变软之后加入混合在一起的A煮2~3分钟。再加醋、水淀粉收汁，将其浇在4的面条上即可。

注：卷卷的日式拉面面条可以在日系超市里买到。

营养满分！
炒饭

1人份
548 kcal

材料（2人份）

米饭	2杯
打散的鸡蛋	2个
天贝	100g
大蒜	2瓣
大葱	30g
生菜	2片
玉米粒、胡萝卜粒	80g
橄榄油	1大匙
白葡萄酒	1大匙
味精	1小匙
盐、黑胡椒	各少许

制作方法

1. 米饭和打散的鸡蛋充分搅拌混合。
2. 天贝撕成大块，大蒜切碎，大葱切成碎末。生菜撕成合适的大小。
3. 煎锅内倒入橄榄油后放入大蒜，用小火煸出香味后改为中火，放入天贝与大葱一起翻炒。
4. 倒入玉米粒、胡萝卜粒与1用大火翻炒，炒到饭变干后将白葡萄酒转动着倒入。
5. 最后加入生菜一起翻炒，再倒入味精、盐、黑胡椒调味。

part 2 用天贝做出来的美味"肉"菜

蔬菜满满，酱油调和出清淡的味道
大酱汤

1人份
181 kcal

材料（2人份）
天贝	100g
胡萝卜	50g
牛蒡	80g
藕	80g
鲜香菇	2个
扁豆	2个
A	
┌ 用海带等做的老汤汁	400cm
└ 酒	1 大匙
酱油	½ 大匙
辣椒末	少许

制作方法

1. 天贝撕成一口大小。
2. 胡萝卜切成不规则的大小，牛蒡刮去皮切成不规则大小后用水冲洗。藕切成不规则大小后用水冲洗。鲜香菇去掉茎，切成4等份。扁豆焯水后切成一口大小。
3. 将A、胡萝卜、牛蒡、藕、鲜香菇放入锅中点火加热。
4. 沸腾之后转为中火，加入1，用中火煮7~8分钟。
5. 倒入酱油调味后盛入器皿中。撒入扁豆，根据喜好可再加点辣椒末。

column ① 赠送的另一道菜

1人份
248 kcal

松软美味的素肉饼
面筋肉饼

材料（2人份）

水面筋	200g
洋葱	¼ 个
胡萝卜	60g
口蘑	60g
西蓝花	80g
色拉油	1 大匙

A
- 面包粉 …… 2 大匙
- 牛奶 …… 1 大匙
- 鸡蛋 …… ½ 个
- 盐、胡椒、肉豆蔻 …… 各少许

B
- 水 …… 100ml
- 味精 …… 1 小匙
- 红酒 …… 50ml
- 综合酱汁* …… 50ml

盐、胡椒 …… 各少许

注：综合酱汁可以在日系超市买到。

制作方法

1. 水面筋用食品加工机搅成碎末。洋葱切碎，胡萝卜切片儿，口蘑掰成小朵。西蓝花掰成小朵焯一下。
2. 煎锅内倒入色拉油（½ 大匙）加热，洋葱炒至变软后取出放在盆中备用。
3. 将面筋与粗热的2与A放入钵中，充分搅拌后分成2等份，做成扁平的圆形。
4. 把煎锅内剩余的色拉油加热，将3摆放在上面用中火煎，煎至颜色变深后翻面。将混合在一起的B与胡萝卜、口蘑倒入，盖上锅盖焖10分钟左右。
5. 打开锅盖，加入盐、胡椒调味后放入西蓝花煮2~3分钟。将汉堡与蔬菜一起盛盘，余下的调味汁收汁后浇在上面即可。

\ part 3 /

用大豆蛋白做出来的美味"肉"菜

大豆蛋白有着同鸡肉相似的口感,

是可以作为肉类替代品使用的植物性蛋白食品。

与肉类相比,大豆蛋白有低卡路里、低脂肪、胆固醇含量为零等特点。

食用大豆蛋白可以摄取到优质的蛋白质、

矿物质及少量的膳食纤维。

大豆蛋白是众多素食餐馆使用的食材,可以在淘宝网上买到。

形状分很多种,有条状的、片状的等,本书未特意标注的均指片状。

喜欢素食的朋友,请千万别懒惰,

买一些回来,让我们一起制作好吃的菜肴吧!

大豆蛋白的特点和烹饪技巧

大豆蛋白可方便快捷地进行烹饪。如果不喜欢大豆的香味,
可将其煮一下,在水中放点调味料,再进行烹饪。
油炸或稍微炒一下会使其具有与肉类相似的口感。
另外,用热水浸泡之后体积会膨胀,请注意。

预先准备

开水泡发

将大豆蛋白放入开水中,小火煮5分钟即可。

去除水分

用笊篱沥去水分。不喜欢大豆香味的人可以在用水冲洗后努力沥去水分。

挤干

用手攥紧至不易散开。

入味

为使没有味道的大豆蛋白具有肉类的浓香,需将大豆蛋白放入汤汁中煮透入味。

保存方法

大豆蛋白为干燥品,可常温保存,非常方便。加工时只需将所需分量从袋中取出即可。泡发过的大豆蛋白请尽早食用。

part 3 用大豆蛋白做出来的美味"肉"菜

即使凉了也非常美味，可以做成盒饭

糖醋辣馅肉丸

1人份 324 kcal

材料（2人份）

大豆蛋白	60g
水	100ml
鸡精	½ 小匙
木棉豆腐*	½ 块
A	
┌ 酱油	1 小匙
│ 淀粉	1 大匙
└ 鸡蛋	½ 个
面粉	少许
青椒	¼ 个
红辣椒	¼ 个
油	适量
B	
┌ 水	100ml
│ 米醋	3 大匙
│ 砂糖	1 大匙
│ 酒	1 大匙
│ 蚝油	1 大匙
│ 甜料酒	1 小匙
└ 黑胡椒	少许
淀粉	少许
大葱	少许

制作方法

1. 大豆蛋白放入热水中，焯烫5分钟左右盛入笊篱，挤干水分。切成碎末。
2. 锅中放入水和鸡精，加入1，煮4~5分钟入味。
3. 用卷心菜包裹木棉豆腐，在微波炉中加热1分半，沥净水分。
4. 在容器中放入2、3和A充分搅拌。分成12等份，搓成圆形，沾上面粉。
5. 青椒和红辣椒切成小块儿。
6. 在170℃热油中炸5，再炸4至金黄色。
7. 煎锅中放入B，点火，沸腾后加入6，再煮1~2分钟，再用淀粉挂卤。盛入器皿，撒上葱。

注：木棉豆腐也叫北豆腐，比内酯豆腐稍微硬一些，质地粗一些。

清淡绝妙的味道
碎肉煎蛋

1人份 389 kcal

材料（2人份）

大豆蛋白	50g
洋葱	1/4个
小葱	4根
色拉油	1大匙
A	
┌ 盐、胡椒、肉豆蔻	各少许
└ 味精	1/2小匙
水	80ml
鸡蛋	4个
牛奶	3大匙
盐、胡椒	各少许
黄油	1大匙
番茄酱	2大匙

制作方法

1. 大豆蛋白放入热水中，焯烫5分钟左右盛入笊篱，挤干水分。切成碎末。
2. 洋葱切末，小葱横切。
3. 煎锅中放入色拉油加热，加入洋葱和1翻炒，用A入味。加水煮至水分渐干状态。
4. 容器中放入鸡蛋、牛奶、盐、胡椒均匀搅拌，再加入加热的3混合。
5. 煎锅加热，黄油加入一半熔化，再加入4的一半。
6. 整体均匀混合翻炒至半熟状态时，挪到煎锅靠近自己的边上。
7. 将煎锅倾斜由里向外卷，再翻过来盛入器皿中，挤上番茄酱。重复5~7的过程再做一个。

姜的香味非常美味
挂卤豆腐

1人份 293 kcal

材料（2人份）

大豆蛋白	40g
姜	10g
大葱	¼ 根
韭菜	30g
木棉豆腐	1 块
盐、胡椒	各少许
面粉	少许
芝麻油	1.5 大匙
A	
┌ 用海带等做的老汤汁	150ml
└ 面汤	2 大匙
淀粉	1 大匙

制作方法

1. 大豆蛋白放入热水中，焯烫5分钟左右盛入笊篱，挤干水分。切成碎末。
2. 姜和大葱切成碎末。韭菜切成1cm左右的长段。
3. 木棉豆腐沥净水分切成4等份，撒上盐和胡椒，涂满面粉。
4. 煎锅中加入芝麻油（½大匙）加热，加入姜、葱和1翻炒。再加入A煮7~8分钟，加入韭菜混合后加入水淀粉挂卤。
5. 煎锅中加入芝麻油（1大匙）加热，将3煎至金黄色。盛入盘中加入4就OK了。

辣辣的肉酱也是最合适的下酒小菜
生菜裹碎豆酱

1人份
189 kcal

材料(2人份)
大豆蛋白 50g
姜 10g
红辣椒 .... ½根
大葱 .... ⅓根
小葱 4根
芝麻油 2小匙
A
┌ 用海带等做的老汤汁 200ml
│ 酒 1大匙
│ 砂糖 2小匙
│ 酱油 .... ½匙
└ 黄酱 2大匙
生菜 .... 4~6片

制作方法

1 大豆蛋白放入热水中，焯烫5分钟左右盛入笊篱，挤干水分。切成碎末。

2 姜切成碎末，红辣椒去籽切成小圆圈。大葱切末，小葱横切成小小的段。

3 锅中放入芝麻油和姜，加入红辣椒，小火翻炒至香味溢出，再加入大葱和1。

4 加入混合后的A，再煮5~6分钟，至水分渐干为止。加入小葱混合，煮1~2分钟。最后和生菜一起盛入器皿中。

非常简单！火锅式的炖菜

豆腐炖肉

1人份 293 kcal

材料（2人份）

大豆蛋白	50g
姜	10g
油豆腐	1块
洋葱	½个
茼蒿	80g
A	
用海带等做的老汤汁	250ml
酒	2大匙
酱油	3大匙
辣椒粉	少许

制作方法

1. 大豆蛋白（片状或小块状）放入热水中，焯烫5分钟左右盛入笊篱，挤干水分。
2. 姜切薄片，油豆腐切成4等份。洋葱切瓣，茼蒿切两半。
3. 锅中放入A和姜点火。沸腾后加入洋葱、1、油豆腐，调至中火，煮5~6分钟。
4. 整体入味后加入茼蒿，炖1~2分钟。
5. 盛入盘中，撒上辣椒粉。

part 3 用大豆蛋白做出来的美味"肉"菜

用大豆蛋白替代猪肉慢慢地炖
红炖大豆蛋白

1人份
246 kcal

材料(2人份)

大豆蛋白	80g
面粉	少许
白萝卜	300g
姜	10g
大葱	⅔根
小葱	1~2根

A
用海带等做的老汤汁	400ml
酒	2大匙
甜料酒	1大匙
砂糖	1大匙
酱油	3大匙

制作方法

1. 大豆蛋白(厚片)放入热水中，焯烫5分钟左右盛入笊篱，挤干水分。
2. 将1以2片为1组分好，单面涂抹面粉，然后将两片对合在一块儿。
3. 萝卜切成半月形，焯烫15分钟左右后取出待用。
4. 姜切丝，大葱切成约3cm长的段，小葱斜切。
5. 锅中放入A和姜，再放入萝卜，点火。煮沸后加入2盖盖儿，调至中火炖10~15分钟。加入大葱，再炖5分钟左右。
6. 盛出摆盘，撒上小葱。

肉的口感！！逼真的美味
香芹嫩煎小牛肉片

1人份
254 kcal

材料（2人份）

- 大豆蛋白 80g
- A
  - 水 100ml
  - 味精 1小匙
- 面粉 .... 少许
- B
  - 鸡蛋 1个
  - 牛奶 2小匙
  - 盐、胡椒 .... 各少许
- 荷兰芹（切碎） .... 少许
- 色拉油 2小匙
- 黄油 1小匙
- 水萝卜 2个

制作方法

1. 大豆蛋白放入热水中，焯烫5分钟左右盛入笊篱，挤干水分。
2. 在锅中放入A和1，煮5分钟左右。用厨房用纸擦去水分，涂薄薄一层面粉。
3. 容器中放入B和荷兰芹混合，涂在2的表面。
4. 煎锅中放入色拉油和黄油加热，放入3后两面煎。
5. 盛出摆盘，配上切成两半的小萝卜。

part 3 用大豆蛋白做出来的美味"肉"菜

吃一次就上瘾的美味
什锦炸串

1人份 405 kcal

材料 (2人份)
大豆蛋白 60g
A
┌ 用海带等做的老汤汁 100ml
└ 酱油 1大匙
大葱 .... ½根
鲜香菇 2个
青辣椒 6个
B
┌ 水 2大匙
│ 面粉 4大匙
│ 鸡蛋 .... ½个
└ 盐 .... 少许
面包粉 (极细) .... 适量

制作方法

1. 大豆蛋白放入热水中,焯烫5分钟左右盛入笊篱,挤干水分。大豆蛋白切成小块。
2. 锅中放入A和1,煮5分钟左右。
3. 葱切约2cm长的段,鲜香菇去茎切成两半。青辣椒将蒂部切掉一点,用刀的前端在表面微切。
4. 用竹扦交替地将沥净水分的2和蔬菜穿成串,蘸上调好的B,表面蘸上面包粉。
5. 入170℃的热油中炸至金黄色。

清淡口感的柠檬味
柠檬味炸丸子

1人份
232 kcal

材料（2人份）

大豆蛋白 50g

A
┌ 水 100ml
│ 柠檬汁 1大匙
└ 味精 .... ½小匙

B
┌ 啤酒 50ml
│ 鸡蛋 .... ½个
│ 面粉 20g
└ 盐 .... 少许

柠檬皮（切碎）...................... ¼个
面粉 .... 少许
意大利欧芹 .... ¼束
圣女果 4个

制作方法

1　大豆蛋白放入热水中，焯烫5分钟左右盛入笊篱，挤干水分。

2　在锅中放入A和1，煮5分钟左右。

3　容器中放入B和柠檬皮（留一点装饰用）混合待用。

4　将沥净水分的2涂满面粉，裹上3，在170℃的热油中炸。

5　取出沥干油，撒上余下的柠檬皮，再加上意大利欧芹和小萝卜。

part 3 用大豆蛋白做出来的美味"肉"菜

颜色也非常漂亮的
西式牛肉

1人份 242 kcal

材料（17cm×8cm×6cm 体积的 1 盒的量）

大豆蛋白	100g
洋葱	1/2 个
什锦蔬菜	100g
A	
┌ 生面包粉	40g
│ 牛奶	2 大匙
│ 鸡蛋	1 个
│ 番茄酱	2 大匙
└ 盐、胡椒	各少许
煮鸡蛋	3 个
面粉	少许
水芹菜（南方小芹菜）	少许

制作方法

1. 大豆蛋白放入热水中，焯5分钟左右后用笊篱捞出，挤干水分。切成碎末。
2. 洋葱切碎，用微波炉加热1分钟后冷却备用。
3. 将1、2、什锦蔬菜、A 倒入锅中充分搅拌在一起。
4. 在模型上涂上一层薄油（材料的量以外的）。将3的一半的量紧紧地塞进去，不要留下空隙。
5. 煮熟的鸡蛋表面撒上一层面粉后摆放在4的上面（a图），之后将剩余的3均匀地盖在上面。
6. 放在180℃的烤箱里加热30~40分钟。基本散热后从模型中取出，切片。
7. 摆盘，然后放上水芹菜。

61

洋葱的甜味和西红柿的酸味充分调和

炖西红柿

1人份
253 kcal

材料（2人份）

大豆蛋白	50g
面粉	少许
洋葱	1/2个
红椒	1/3个
黄椒	1/3个
西红柿	1个
西蓝花	100g
橄榄油	1大匙
番茄罐头	150g
A	
┌ 水	200ml
│ 味精	1小匙
│ 月桂叶	1片
│ 沙司	1大匙
└ 咖喱粉	1小匙
盐、胡椒	各少许

制作方法

1. 大豆蛋白放入热水中，焯5分钟左右后用笊篱捞出，挤干水分。撒上薄薄一层面粉。
2. 洋葱切薄片，红椒、黄椒切成小块儿。西红柿切成大块。西蓝花掰成小朵焯一下备用。
3. 煎锅内倒入色拉油加热，放入洋葱翻炒，待稍微变软后再加入双椒翻炒。
4. 西红柿与番茄罐头、A一起煮。
5. 沸腾之后加入1，用中火煮10~15分钟，其间撇去浮渣。
6. 加入西蓝花，用盐、胡椒调味，盛出装盘。

part 3 用大豆蛋白做出来的美味"肉"菜

汤的味道充分入味
芋头炖肉丸

1人份 281 kcal

材料（2人份）
大豆蛋白	60g
芋头	4个
冬葱	4根
A	
┌ 汤汁	450ml
│ 酒	2大匙
│ 甜料酒	2大匙
└ 酱油	3大匙
姜泥	1大匙

制作方法

1. 大豆蛋白放入热水中，焯5分钟左右后用笊篱捞出，挤干水分。切成小丁状。
2. 芋头去皮切成两半。将芋头和足量的水放入锅中点火，待水沸腾后用笊篱捞出，用水冲洗一下去掉黏液。
3. 大葱斜切。
4. 将A、1、2放入锅中，点火，沸腾之后撇去浮渣。盖上锅盖用中火煮20分钟左右。
5. 加入大葱煮2~3分钟，之后倒入生姜泥，稍稍搅拌后盛出。

63

滑滑溜溜，多多的配料能使身心都非常满足

蒸蛋

1人份
137 kcal

材料（2人份）

大豆蛋白 25g

A
┌ 用海带等做的老汤汁 100ml
│ 酒 .... 1 小匙
└ 酱油 .... 1 小匙
假蟹肉 .... 1 根
鲜香菇 .... 1 个
三叶草 .... 3~4 个
鸡蛋 .... 2 个

B
┌ 用海带等做的老汤汁 300ml
│ 盐 .... 少许
└ 淡味酱油 .... 2 小匙

制作方法

1. 大豆蛋白放入热水中，焯5分钟左右后用笊篱捞出，挤干水分。
2. 将A与1倒入锅中煮5分钟左右。
3. 假蟹肉切成大块，鲜香菇去掉茎部切碎，荷兰芹的茎切成3cm长的段。
4. 鸡蛋打在钵中搅散，与B搅拌在一起。
5. 将2、蟹肉糕、鲜香菇(2/3的量)、荷兰芹茎放入容器中，并倒入4。
6. 将5放入蒸锅中可以充分接触蒸汽的地方，用小火加热12~14分钟。等蛋液表面凝固之后将剩余的材料放在上面继续蒸5分钟。全部完成后再添加上荷兰芹叶做点缀。

其实大豆蛋白碎和萝卜、茄子搭配也非常美味
豆角炒碎肉

1人份
83
kcal

材料（2人份）

大豆蛋白	30g
姜	8g
豆角	100g
A	
┌ 用海带等做的老汤汁	150ml
│ 酒	1大匙
└ 橙汁酱油	2大匙
水淀粉	2小匙
姜丝	少许

制作方法

1. 大豆蛋白放入热水中，焯5分钟左右后用笊篱捞出，挤干水分。切成碎末。
2. 生姜切碎，豆角去筋后焯2~3分钟。
3. 将A、1、生姜放入锅中，用中火煮7~8分钟。然后加入水淀粉，汤黏稠后再煮1~2分钟。
4. 3经过大致加热后与豆角一起盛盘，再放上姜丝。

蔬菜丰富的炖菜

乱炖

1人份 205 kcal

材料（2人份）

大豆蛋白 40g

A
┌ 用海带等做的老汤汁 .... 1 大匙
└ 酱油 .... 1 小匙

焯好的竹笋 80g
胡萝卜 70g
藕 .... ½ 节
干香菇 .... 2 个
魔芋 .... 少量
荷兰豆 .... 2 个
色拉油 .... 2 小匙

B
┌ 泡香菇汤 + 用海带等做的老汤汁
│ 200ml
│ 味淋 .... 1 大匙
│ 砂糖 .... 2 小匙
└ 酱油 .... 1 又 ½ 大匙

C
┌ 酱油 .... ½ 大匙
└ 味淋 .... ½ 大匙

制作方法

1. 大豆蛋白放入热水中，焯5分钟左右后用笊篱捞出，挤干水分。切成小丁，将A倒在上面拌好。

2. 焯好的竹笋、胡萝卜切块儿，藕切成块儿后用水冲洗一下。干香菇用水泡开后切成4等份。魔芋撕成适合食用的大小。

3. 荷兰豆去筋，焯一下后切成两半。

4. 将色拉油倒入锅中加热后放入1翻炒。翻炒充分之后加入2翻炒。全都沾上了油之后倒入B，盖上锅盖煮约15分钟直到蔬菜变软。

5. 之后倒入C搅拌，继续煮2~3分钟。盛入器皿后将3撒在上面。

营养均衡的菜肴
五目饭

1人份 545 kcal

材料（2人份）

大豆蛋白	60g
西红柿	1个
生姜	10g
大蒜	1瓣
生菜	2片

A
- 橄榄油 …… 1 小匙
- 盐、黑胡椒 …… 各少许

橄榄油 …… 1 大匙

B
- 水 …… 100ml
- 辣椒粉 …… 1 小匙
- 味精 …… ½ 小匙
- 酱油、胡椒、肉豆蔻 …… 各少许

米饭 …… 适量
奶酪片 …… 20g

制作方法

1. 大豆蛋白放入热水中，焯5分钟左右后用笊篱捞出，挤干水分。切成碎末。
2. 西红柿切成小块，生姜、大蒜切碎。生菜切碎。
3. 西红柿与 A 搅拌混合后备用。
4. 煎锅内倒入橄榄油和酱油、大蒜加热，放入 1 翻炒。翻炒2~3分钟后将混合好的 B 倒入，炒到收干汤汁为之。
5. 将饭盛入盘中，盖上生菜、3 和 4，撒上奶酪片。

对健康非常有益
大豆蛋白咖喱饭

1人份
537 kcal

材料（2人份）

大豆蛋白	60g
洋葱	½ 个
大蒜	1 瓣
生姜	10g
圣女果	6 个
色拉油	1 大匙
咖喱粉	1 大匙
盐	¼ 小匙
味精	½ 小匙
水	100ml
番茄酱	1 小匙
酱油	½ 大匙
盐、胡椒	各少许
米饭	2 杯
荷兰芹（切碎）	少许

制作方法

1. 大豆蛋白放入热水中，焯5分钟左右后用笊篱捞出，挤干水分。切成碎末。
2. 洋葱、大蒜、生姜都切碎。圣女果去蒂后切成块。
3. 煎锅内倒入色拉油、大蒜、生姜后加热，放入1翻炒。炒2~3分钟后加入咖喱粉和盐，待粉末状物体消失后加入水和味精。
4. 充分搅拌待水分快干时加入番茄汁、酱油、圣女果，再加入盐、胡椒调味。
5. 米饭盛入器皿，将4盖在上面之后撒上荷兰芹。

part 3 用大豆蛋白做出来的美味"肉"菜

色彩丰富但价格低廉
三色碎肉盖饭

1人份 558 kcal

材料（2人份）

大豆蛋白	60g
豆角	6根
色拉油	适量

A
用海带等做的老汤汁	100ml
砂糖	2小匙
味淋	1大匙
酱油	1又½大匙

生姜汁	1小匙
鸡蛋	2个

B
砂糖	2小匙
盐	¼小匙

米饭	适量

制作方法

1. 大豆蛋白放入热水中，焯5分钟左右后用笊篱捞出，挤干水分。切成碎末。

2. 豆角去筋放入加了少许盐（材料用量以外的）的热水中焯一下，斜切。

3. 制作肉松。将色拉油倒入煎锅内加热，放入1翻炒，倒入A后边收汁边翻炒。等水分收干后加入生姜汁混合。

4. 做炒鸡蛋。将鸡蛋在钵中打散，与B混合在一起。

5. 煎锅内的色拉油加热，倒入4，使锅内的菜都搅拌混合在一起。因为大致都过了一遍火，所以稍微炒一下即可。

6. 米饭盛入大碗中，将3和5各占一半地放在饭上，2夹在中间。

蔬菜温和的香甜令人倍感温暖
肉丸根菜汤

1人份 196 kcal

材料（2人份）

大豆蛋白	30g
用海带等做的老汤汁	80ml
生姜	8g
藕	½节
白萝卜	5cm
胡萝卜	¼根
牛蒡	¼根
鲜香菇	2个
小葱	1~2根

A
鸡蛋	½个
面粉	2大匙
红味噌	2小匙
酱油	½小匙
盐	不到1小匙
用海带等做的老汤汁	400ml

B
口味清淡的酱油	1大匙
盐	1小匙
味淋	2小匙

制作方法

1. 大豆蛋白放入热水中，焯5分钟左右后用笊篱捞出，挤干水分后放入用海带等做的老汤汁（80ml）中煮。然后切成碎末。

2. 生姜切末，藕分成两半，一半切碎，另一半斜切。胡萝卜切成半月形。牛蒡去皮后斜片成薄片，用水冲一下备用。

3. 鲜香菇去掉茎部切成薄片。小葱切成葱花。

4. 捏制。将A与1、生姜、藕（切碎部分）放入钵中充分搅拌混合。团成圆形的丸子，放到耐热容器里在微波炉中加热2分钟。

5. 将用海带等做的老汤汁（400ml）与蔬菜、鲜香菇放入锅中，煮10分钟左右直到蔬菜变软。放入B调味，加入4煮1~2分后盛出，撒上小葱。

part 4
用豆渣魔芋做出来的美味"肉"菜

豆渣魔芋是由
"豆渣""魔芋"组成的最新流行食材，
非常健康且富含膳食纤维。
用豆渣魔芋做出来的菜
真的像炸肉块和炸猪排一样
但热量却大幅降低。
烹饪方法也非常简单，
对美容和健康非常有帮助。

豆渣魔芋的特点和烹饪技巧

豆渣魔芋与油有很好的调和性，适合油炸和煎炒，
且适合使用姜及咖喱粉等香味浓重的调味品。
因为它是基本没有什么味道的食材，
所以预先调味使其很好地入味是烹饪的技巧。

前期准备工作

轻轻冲洗

用水轻轻冲洗之后除去水分。然后放到冰箱里冷冻，使用时解冻，用前挤干水分。

用水焯烫

其实用水冲洗就足以烹调，下水焯烫之后会减轻豆味，能变得更好吃。

掰成小块

想要炸肉块大小或做咖喱饭时需要的大小程度时，请用手掰。这样可以使断面凸凹不平，更易入味。

表面处理

在表面浅浅地、细细地切。充分加热。使其易入味。

切碎

先用刀切碎，然后用食品加工机等加工成碎末。能当麻婆豆腐等的肉馅的代用品。

入味

用手充分地搓揉，使其更好地入味。

保存方法

建议不能立即吃完的部分冷冻保存。切成大小合适冷冻保存，使用时在冰箱上层自然解冻。进行一次冷冻后会增加嚼劲，更接近肉的口感。

part 4 用豆渣魔芋做出来的美味"肉"菜

能增加食欲的酱味和辛辣感
回锅肉

1人份 161 kcal

材料（2人份）

豆渣魔芋	150g
A	
开水	2大匙
汤料	½小匙
面粉	少许
卷心菜	2片
大葱	⅓根
胡萝卜	40g
芝麻油	1大匙
大蒜（切片）	½片
豆瓣酱	½小匙
B	
酒	1大匙
甜面酱	1小匙
砂糖	1小匙
酱油	2小匙

制作方法

1. 清洗豆渣魔芋，切成薄片。
2. 锅中放入A和1的食材，煮5分钟左右使其入味。待冷却后在表面涂满薄薄一层面粉。
3. 卷心菜切大块，大葱斜切，将胡萝卜切成长方形。
4. 煎锅中放入芝麻油和豆瓣酱用小火翻炒。炒出香味后将2中食材一片一片放入，对食材表面进行煎炸。
5. 加入3的食材进行翻炒，再加入混合后的B酱汁进行整体翻炒。

微波炉糖醋肉

无论卡路里还是烹饪时间都大幅度减少!

1人份 **320** kcal

材料(2人份)

- 豆渣魔芋 ································ 200g
- **A**
  - 酒 ····································· 1小匙
  - 酱油 ·································· ½小匙
  - 鸡蛋 ·································· ½个
  - 淀粉 ·································· 1小匙
- 洋葱 ····································· ¼个
- 胡萝卜 ·································· 50g
- 焯过的竹笋 ··························· 80g
- 青椒 ····································· ½个
- 鲜香菇 ·································· 2个
- 油 ·· 适量
- **B**
  - 水 ····································· 80ml
  - 汤料 ·································· ½小匙
  - 番茄酱 ······························· 2小匙
  - 酱油 ·································· 1小匙
  - 砂糖 ·································· 1小匙
  - 醋 ····································· 1大匙
  - 芝麻油 ······························· 2小匙
  - 淀粉 ·································· ½小匙

制作方法

1. 清洗豆渣魔芋,然后掰成一口大小。
2. 将A和1的食材放入大容器中搅拌。
3. 洋葱切丝,胡萝卜切块,焯过的竹笋切段儿,青椒切成大片,鲜香菇去根茎切成小块。
4. 将2的食材用170℃的热油炸,之后取出备用。
5. 将3全部放入耐热器皿中,加入搅拌后的B,充分拌匀,盖上一层保鲜膜,放入微波炉加热约3分钟。
6. 拿出,趁热再整体充分搅拌,将4均匀放入。再盖好保鲜膜,放入微波炉中,加热约1分钟后取出搅拌,最后加热1分钟就OK了。

色彩鲜艳的中国菜
京酱肉丝

1人份 143 kcal

材料（2人份）

豆渣魔芋	150g
A	
淀粉	1小匙
酒	2小匙
姜	10 g
青椒	2个
红辣椒	½个
焯过的竹笋	100 g
芝麻油	1大匙
B	
水	2大匙
酒	1大匙
鸡精	1小匙
蚝油	2小匙
酱油	2小匙
淀粉	1小匙

制作方法

1. 清洗豆渣魔芋，切成细条。
2. 将A和1放入大容器中搅拌。
3. 姜、青椒、红辣椒和焯过的竹笋切条。
4. 煎锅中放入芝麻油加热，加入姜和2煎炒。
5. 充分煎炒之后加入青椒、红辣椒和焯过的竹笋。
6. 加入B，再混合煎炒，直至没有水分为止。

干炸豆渣魔芋

外观、口感都有很逼真的肉感

1人份 248 kcal

材料（2人份）

豆渣魔芋	300g
A	
┌ 魔芋粉	1 小匙
│ 姜粉	1 小匙
│ 酒	1 大匙
│ 酱油	2 大匙
└ 蛋白	1 个
面粉和淀粉	各少许
油	适量
蔬菜	4 片
柠檬薄片	少许

制作方法

1. 清洗豆渣魔芋，掰成一口大小。
2. 将A和1放入大的容器中仔细搓揉（a图），腌30分钟左右。
3. 沥去2的水分，然后涂上混合后的面粉和淀粉。
4. 放入170℃的热油中炸3分钟，至棕色。
5. 将油沥净，盛盘，添加蔬菜和柠檬薄片。

part 4 用豆渣魔芋做出来的美味"肉"菜

热气腾腾刚出锅的时候非常美味
干炸春卷

1人份 350 kcal

材料（2人份）

豆渣魔芋	100g
姜	8g
干香菇	2个
豆芽	60g
粉丝	25g
芝麻油	2小匙
A	
┌ 水	50ml
│ 鸡精	1小匙
│ 酒	1大匙
│ 酱油	2小匙
└ 蚝油	2小匙
淀粉	1大匙
春卷皮	4张
面粉	少许
油	适量
荷兰芹/芥末	各少许

制作方法

1. 清洗豆渣魔芋，切成条状。
2. 姜切丝，干香菇用水泡发后切丝。豆芽去根，粉丝用热水焯烫后沥净水分。
3. 煎锅中放入芝麻油加热，放入姜和1、干香菇翻炒。
4. 加入豆芽和粉丝翻炒，再加入混合的A，翻炒之后稍微煮一下。
5. 加入淀粉勾芡，再煮2~3分钟后盛入盘中凉凉。
6. 展开春卷皮，将5均等地放入，包好，用面粉封口。
7. 用160℃热油炸至变色。将油沥净，盛入盘中，配上荷兰芹和芥末。

part 4 用豆渣魔芋做出来的美味"肉"菜

蔬菜肉卷

卷蔬菜的健康食品

1人份 158 kcal

材料（2人份）

豆渣魔芋 200g

A
- 汤汁 50ml
- 酱油 1小匙

豆角（圆滚形的）............... 10根
胡萝卜 50g
黄豆芽 80g
面粉 .... 少许
色拉油 1大匙

B
- 水 2大匙
- 酒 1大匙
- 味淋*（实在没有可用糯米酒替代）... 1大匙
- 酱油 1大匙
- 姜末 1大匙

萝卜苗 1小把

制作方法

1. 清洗豆渣魔芋，用刀将豆渣魔芋横切成2~3mm厚的片。

2. 将A和1放入锅中，煮10分钟后预先调味，趁热取出。

3. 芸豆去线竖切两半。胡萝卜切丝。大豆芽去根须，用微波炉加热2分钟。

4. 擦去2的水分，涂上一层薄薄的面粉。放上各种蔬菜卷好，在表面涂上面粉。

5. 在煎锅中放油加热，将4翻转煎到恰到好处。

6. 煎饼呈金黄色之后，将混合的B放入盖上盖子，焖3~4分钟。取下盖子，炒至水分散去。

7. 将萝卜苗的根部去掉撒在容器中再放上6。

注：味淋是日本料理中的调味料，是一种糯米做成的发酵调味料，基本上就是调味米酒，有点甜味，颜色是淡黄的。味淋在淘宝网上很容易买到，如果手边确实没有味淋时，可用米酒加点红糖代替，或者凑合着用糯米酒。

part 4 用豆渣魔芋做出来的美味"**肉**"菜

散发着令人感动的酱香
酱烤豆渣魔芋

1人份 198 kcal

材料（2人份）
豆渣魔芋............................300g
A
┌ 酱..................................4 大匙
│ 酒..................................1 大匙
│ 味淋...............................2 大匙
└ 芝麻油...........................2 小匙
绿辣椒..............................6 根
鲜香菇..............................2 个
山药..................................100g
七味辣椒*........................少许

制作方法

1. 清洗豆渣魔芋，沥净水分。
2. 将混合的 A 在方平底盘中均匀铺开。加入1，从上至下均匀涂抹，放置30分钟左右使其入味。
3. 将绿辣椒的蒂切去一点，鲜香菇切两半，山药切成圆片。
4. 擦拭2的豆渣魔芋表面的酱，和3的蔬菜一起在烤架上烤至棕色。
5. 将豆渣魔芋切成4mm左右的片放入盘中，加上蔬菜，撒上七味辣椒。

注：七味辣椒也叫"七味唐辛子"，是添加了花椒、芝麻、罂粟果实等多种口味的混合香辣料，配方（重量比）为辣椒粉50%，大蒜粉、芝麻粉各12%，陈皮粉11%，花椒粉、大麻仁粉、紫菜丝各5%。
这种辣椒在淘宝网上很容易买到，很多日系超市也有卖。

十足家常味

豆渣魔芋肉土豆

1人份 262 kcal

材料（2人份）

豆渣魔芋	150g
洋葱	½个
土豆	2个
胡萝卜	60g
魔芋丝	100g
荷兰豆	6个
色拉油	1大匙

A
- 调味汁 200ml
- 砂糖 1大匙

B
- 味淋 1大匙
- 酱油 2大匙

制作方法

1. 清洗豆渣魔芋，切成一口大小。
2. 洋葱切瓣丝，土豆切成一口大小用水浸泡。胡萝卜切块。将魔芋丝用热水焯烫，荷兰豆去线，用热水简单焯烫切成两半。
3. 锅中色拉油加热，加入洋葱炒，炒至洋葱变软后加入I翻炒。再加入土豆、胡萝卜、魔芋丝翻炒，最后再加入A。
4. 沸腾之后取出浮渣，然后盖好盖子再煮7~8分钟。
5. 加入B轻轻混合，再煮5~6分钟。盛入器皿摆盘，点缀上荷兰豆。

part 4 用豆渣魔芋做出来的美味"肉"菜

十足嚼劲！让人吃得饱饱的！
炸猪排

1人份 320 kcal

材料（2人份）

豆渣魔芋	300g
A	
┌ 水	100ml
│ 味精	½ 小匙
└ 猪排酱汁（超市可以买到）	1 小匙
卷心菜	适量
西红柿	¼ 个
柠檬	¼ 个
面粉、鸡蛋、面包粉、油	各适量
猪排酱汁（超市可以买到）	1 大匙

制作方法

1. 清洗豆渣魔芋，切成条，表面切小口。
2. 将A放入锅中加热，味精溶解后倒入，加入1，腌制30分钟左右。
3. 卷心菜切丝，西红柿和柠檬切小块。
4. 沥去2的汤汁，将面粉、鸡蛋、面包粉依次裹上。
5. 在170℃的热油中炸至金黄色。
6. 将油沥净，放入器皿中，加入3再加入调味汁。

既低热又廉价的好菜品
麻婆豆腐

1人份 214 kcal

材料（2人份）
豆渣魔芋	100g
嫩豆腐	300g
大蒜	½片
姜	10g
大葱	⅓根
芝麻油	2小匙
豆瓣酱	⅔小匙
A	
┌ 甜面酱	2小匙
│ 番茄酱	1大匙
└ 砂糖	1大匙
B	
┌ 热水	150ml
│ 酒	1大匙
│ 鸡精	½小匙
└ 酱油	2小匙
淀粉	1大匙

制作方法

1. 清洗豆渣魔芋，用食品加工机切碎。
2. 将嫩豆腐切成1.5cm左右的丁，洗后热水焯烫，然后放到沥筐里沥水。大蒜、姜、大葱切成碎末。
3. 煎锅中放入芝麻油、大蒜、姜、豆瓣酱，用小火炒。待香味溢出后加入1，用中火翻炒。
4. 整体黏稠之后加入A翻炒。再加入B，煮沸之后加入嫩豆腐和大葱末。
5. 再次煮沸之后加入淀粉混合，煮1~2分钟。

浓辣的调料汁也可当下酒小菜
棒棒鸡

1人份 149 kcal

材料（2人份）

豆渣魔芋 150g

A
- 热水 50ml
- 鸡精 .... ½小匙
- 白胡椒 .... 少许

黄瓜 .... ⅔根
西红柿 1个
大葱（葱白部分）.................................. 50cm

B
- 芝麻酱 1大匙
- 橙醋味酱油
  （在淘宝网上或者日系超市里能买到）.. 2大匙
- 味淋 1小匙
- 芝麻油 1小匙
- 辣油 .... 少许

制作方法

a

1. 清洗豆渣魔芋，切成条状，用热水焯烫1分钟左右。趁热放入A，凉凉待用（a图）。
2. 黄瓜切丝，西红柿切块。
3. 大葱纵向切开，去蕊。展开切丝，用水浸泡。
4. 在器皿中放入黄瓜和西红柿。放入1，再放入混合的B，再添上葱丝。

营养丰富的小菜
猪肉炖豆

1人份 189 kcal

材料（2人份）

豆渣魔芋	150g
大蒜	½个
红辣椒	½个
洋葱	½个
西红柿	1个
橄榄油	2小匙
煮黄豆罐头（超市能买到）	100g
A	
┌ 水	100ml
│ 番茄汁	190ml
│ 味精	½小匙
└ 月桂叶	1片
盐、胡椒	各少许
荷兰芹（切碎）	少许

制作方法

1. 清洗豆渣魔芋，切成2cm左右的丁。
2. 大蒜切末，红辣椒去籽切片。洋葱、西红柿切成5mm左右的丁。
3. 将橄榄油、大蒜、西红柿、红辣椒放入锅中用小火煎炒。
4. 待香味溢出调至中火，加入洋葱翻炒，炒软之后加入西红柿和1翻炒。
5. 油调和后加入水煮黄豆和A，用中火煮7~8分钟。将盐、胡椒调味，盛入器皿中，撒上荷兰芹。

杏仁的香味有不一样的味道
油炸杏仁豆渣魔芋

1人份 364 kcal

材料（2人份）

豆渣魔芋	200g
A	
┌ 盐、胡椒	各少许
│ 鸡蛋	1/2 个
│ 味精	1/2 小匙
│ 调味汁	1 大匙
└ 面粉	2 小匙
杏仁	适量
油	适量
水芹和圣女果	各少许

制作方法

1. 清洗豆渣魔芋，掰成一口大小。
2. 在容器中放入 A 充分搅拌，加入1充分混合，放置30分钟左右入味。
3. 用厨房用纸轻轻擦去水分，表面沾满杏仁。
4. 在160℃热油中炸至金黄色。
5. 沥净油，盛入器皿中，摆上水芹和小西红柿。

繁忙中的简单料理
肉鸡蛋盖饭

1人份 481 kcal

材料（2人份）

豆渣魔芋	150g
洋葱	1/2 个
三叶草（酢浆草）	2~3 根
鸡蛋	3 个
A	
┌ 汤汁	200ml
│ 酒	2 小匙
└ 面汤	2 大匙
米饭	2 杯

制作方法

1. 清洗豆渣魔芋，掰成小块。
2. 洋葱切丝，三叶草切成3~4cm的段儿。打好鸡蛋待用。
3. 将平底锅放在火上加入A，煮开后放入1和洋葱再煮。沸腾后调至中火，再煮5~6分钟。
4. 将鸡蛋（2/3量）花圈地倒入，盖盖儿干蒸1~2分钟，再将余下的鸡蛋倒入，关火，盖盖儿焖30秒左右。
5. 在盛好的饭上浇上4，再放上三叶草。

part 4 用豆渣魔芋做出来的美味"肉"菜

香脆又如此美味
杂样煎菜饼

1人份 428 kcal

材料（2人份）

豆渣魔芋	120g
卷心菜	3片
大葱	½根
小葱	10根
面粉	60g
山药（磨碎）	150g
鸡蛋	2个
浓汤汁	50ml
樱花虾	8g
色拉油	少许
调味汁／海苔／干制鲣鱼／蛋黄酱	各适量

制作方法

1. 清洗豆渣魔芋切片。
2. 卷心菜切丝，大葱和小葱切成碎末。
3. 在一个大容器中放入面粉、山药和浓汤汁并搅拌。加入2和樱花虾搅拌。
4. 煎锅中抹油，均等地放入1，再放上3，呈圆形展开。
5. 煎3~4分钟，底面呈金黄色时，翻过来再煎2~3分钟。
6. 在上面涂抹调味汁，随喜好放上海苔或干制鲣鱼，再加点蛋黄酱。

不放肉也会让你吃得饱饱的
咖喱饭

1人份 604 kcal

材料（2人份）

豆渣魔芋	150g
面粉	少许
洋葱	1/2 个
胡萝卜	1/2 根
土豆	2 个
色拉油	2 小匙
咖喱粉	1 大匙
水	600ml
月桂叶	1 片
咖喱块儿（市面有销售的）	30g
酱油	1 大匙
饭	2 杯

制作方法

1 清洗豆渣魔芋，掰成稍大一点的块儿。擦去水分涂满薄薄一层面粉。

2 洋葱切丝，胡萝卜切块儿，将一个土豆切成一口大小的块儿，另一个土豆弄成碎末。

3 在锅中加入色拉油加热，炒洋葱，洋葱稍微蔫了之后，加入1，有些像煎表面一样地翻炒。

4 加入胡萝卜和土豆块儿翻炒，再撒入咖喱粉。

5 待粉状消失后，加入水和月桂叶再煮。沸腾后撇出浮渣，调至中火，再煮30分钟左右。

6 蔬菜变软之后，关火，加入咖喱块儿和土豆碎末使其溶解。

7 再点火，煮7~8分钟，加入酱油调味。然后浇在盛好的饭上面。

奶油菜汤

滑溜溜、热乎乎的奶油

1人份 264 kcal

材料（2人份）

豆渣魔芋	200g
面粉	少许
洋葱	½ 个
口蘑	6 个
胡萝卜	½ 根
西蓝花	100g
黄油	1 大匙
水	300ml
味精	1 小匙
牛奶	150ml
白沙司（White Sauce，比较难买到）	100g
盐和白胡椒	各少许

制作方法

1. 豆渣魔芋掰成一口大小的块儿，焯烫2~3分钟。擦去水分，涂满薄薄一层面粉。
2. 洋葱切瓣儿，口蘑切成两半，胡萝卜切块儿。西蓝花掰成小朵，快速用热水焯烫。
3. 锅中放黄油加热，洋葱、口蘑和胡萝卜入锅翻炒，都蘸上黄油后，再加入1翻炒。
4. 加入水和味精，沸腾后撇去浮渣，调至中火，再煮20分钟左右。
5. 加入牛奶和白沙司，充分搅拌后煮10分钟左右，关火。再用盐和白胡椒调味，加入西蓝花后盛入器皿中。

part 4 / 用豆渣魔芋做出来的美味"肉"菜

咕嘟咕嘟，浓汤最适合寒冷的冬天
蔬菜牛肉浓汤

1人份 238 kcal

材料(2人份)

豆渣魔芋	200g
卷心菜	1/4 个
胡萝卜	1 根
洋葱	1 个
土豆（小）	2 个
月桂叶	1 片
A	
水	600ml
盐	1/3 小匙
味精	2 小匙
黑胡椒/芥末粒	各少许

制作方法

1. 豆渣魔芋切成大块儿，热水焯烫2~3分钟。
2. 卷心菜切成块，胡萝卜纵向切两半，之后横向再切两半。洋葱切成4等份，土豆切两半。
3. 在锅中加入1、2和月桂叶，再加入A，调至大火。沸腾之后改至小火，炖30~40分钟。
4. 待蔬菜变软之后盛入容器中，随喜好撒上黑胡椒和芥末粒。

蔬菜丰富的意式浓汤
意式蔬菜汤

1人份 182 kcal

材料（2人份）

豆渣魔芋	150g
面粉	少许
大蒜	½个
洋葱	¼个
胡萝卜	⅓根
芹菜	½根
玉米粒	80g
橄榄油	1大匙
A 水	100ml
番茄酱罐头	150g
味精	1小匙
月桂叶	1片
盐和胡椒	各少许
奶酪粉	少许

制作方法

1. 清洗豆渣魔芋，切成1.5cm大小的丁儿，焯烫后擦去水分，涂上薄薄的一层面粉。
2. 大蒜切碎，洋葱和胡萝卜切成1.5左右的丁儿。将芹菜茎去纤维，切成1.5cm左右的丁，将叶子撕碎。
3. 锅中放入橄榄油和大蒜，用小火翻炒，香味儿溢出后加入1翻炒，表面煎好后加入洋葱、胡萝卜、芹菜茎、玉米粒翻炒。
4. 加入A炖，沸腾后撇出浮渣，中火炖15分钟左右。加入盐和胡椒调味。
5. 盛入器皿中，撒上芹菜叶和奶酪粉。

part 4 用豆渣魔芋做出来的美味"肉"菜

column ②
赠送您另一道菜品

可以尽情吃的低热量菜品
姜炒面筋

1人份
264 kcal

材料（2人份）
面筋 1根
A
├ 姜末 1大匙
├ 酱油 2大匙
├ 甜料酒 1大匙
├ 蜂蜜 1大匙
└ 酒 1大匙
洋葱 .... ½个
莴苣 2片
胡萝卜 10g
色拉油 1大匙
酒 1大匙

制作方法

1 面筋放入水中泡发，挤干水后切成一口大小。
2 在大容器中放入A和1，偶尔翻动腌30分钟左右。
3 洋葱切丝，生菜切丝，胡萝卜切丝。
4 煎锅中放油加热，翻炒洋葱，加入2再炒。将酒和余下的汁浇入，再用大火翻炒至入味。
5 盛入器皿中再添上生菜和胡萝卜。

责任编辑：王欣艳 xinyan_w@sohu.com
责任印制：冯冬青
装帧设计：北京红方众文咨询有限公司

DAIZU YA ONIKU DE TSUKURU ONIKU WO TSUKAWANAI "ONIKU" NO OKAZU © TATSUMI PUBLISHING CO.,LTD. 2012
Original Japanese edition published in 2012 by Tatsumi Publishing Co., Ltd.
Simplified Chinese Character rights arranged with Tatsumi Publishing Co., Ltd.
Through Beijing GW Culture Communications Co., Ltd.

图书在版编目（CIP）数据

不用肉做出来的美味"肉"菜 /（日）大越乡子著；张华扬译.
-- 北京：中国旅游出版社，2013.5
　　ISBN 978-7-5032-4693-7

　　Ⅰ.①不… Ⅱ.①大…②张… Ⅲ.①素菜 – 菜谱
Ⅳ.①TS972.123

中国版本图书馆CIP数据核字（2013）第053983号

北京市版权局著作权合同登记号 图字：01-2012-8518

书　　名：不用肉做出来的美味"肉"菜
作　　者：大越乡子
翻　　译：张华扬
出版发行：中国旅游出版社
　　　　　（北京建国门内大街甲9号　邮编：100005）
　　　　　http://www.cttp.net.cn　E-mail:cttp@cnta.gov.cn
　　　　　发行部电话：010-85166503
经　　销：全国各地新华书店
印　　刷：北京翔利印刷有限公司
版　　次：2013年5月第1版　2013年5月第1次印刷
开　　本：787×1092　1/16
印　　张：6
字　　数：50千
定　　价：39.80元
ＩＳＢＮ　978-7-5032-4693-7

版权所有　翻印必究
如发现质量问题，请直接与发行部联系调换